AF590069

NOTICE

SUR

LE MODE DE PÉAGE

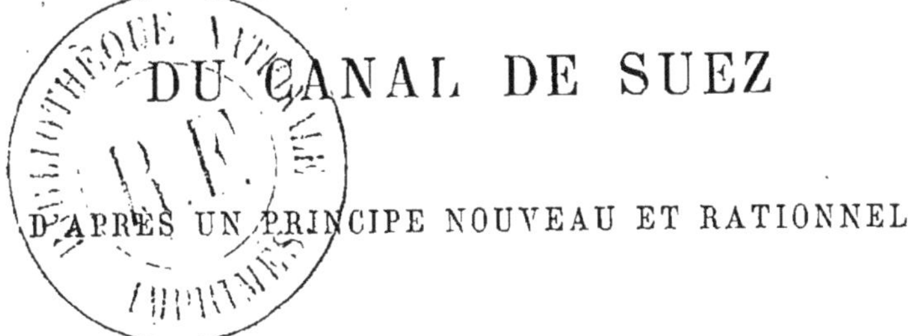

DU CANAL DE SUEZ

D'APRÈS UN PRINCIPE NOUVEAU ET RATIONNEL

PAR LE B^ON D'AVOUT

CHEF D'ESCADRON D'ÉTAT-MAJOR EN RETRAITE
OFFICIER DE LA LÉGION D'HONNEUR

PRIX : 75 CENTIMES

PARIS
CH. BLÉRIOT, LIBRAIRE-ÉDITEUR
QUAI DES GRANDS-AUGUSTINS, 55

1873

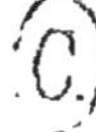

AUX ACTIONNAIRES DU CANAL DE SUEZ

Le procès intenté à la compagnie universelle du canal de Suez par la compagnie des messageries maritimes, et sa perte déplorable ont fait voir le vice de l'acte de concession. En effet, la première condition d'un acte de ce genre est de ne laisser accès à aucune double interprétation ; or, l'acte de concession en question a donné lieu aux interprétations les plus opposées.

Il est donc urgent de réviser et de modifier cet acte, et le procès si injustement intenté pourra produire cet heureux résultat, si, comme tout le fait penser, une commission internationale est nommée et réunie dans ce but à Constantinople.

C'est dans cette prévision que j'ai entrepris le travail que je soumets au public, et qui a pour objet de démontrer que l'acte de concession repose sur un principe irrationnel et d'établir pour les droits de transit une base nette, rationnelle et équitable, qui puisse, sans nuire au commerce, donner aux actionnaires une juste rémunération des capitaux qu'ils ont engagés dans cette belle entreprise, des pertes et des inquiétudes que leur ont fait subir les péripéties survenues pendant l'exécution des travaux.

L'acte de concession a pour principe l'évaluation du nombre de tonneaux de capacité des navires transitants.

Le mot de capacité a été pris dans le sens de volume, ce qui est son sens naturel, et dans le sens de poids, sens tout à fait forcé. Sans revenir sur des discussions qui n'ont pu faire changer des avis pris d'avance, disons que le nombre de tonneaux, volume ou poids qu'un navire peut contenir ou porter n'a aucun rapport avec les travaux de creusement du canal, et qu'en conséquence cette base de l'acte de concession est irrationnelle.

En effet, un navire se présente pour passer le canal; il lui faut une profondeur suffisante pour qu'il ait de l'eau sous sa quille et une largeur suffisante pour qu'il puisse, sans danger de collision, se croiser avec d'autres navires et évoluer dans les courbes nécessitées par les changements de direction, sans que son avant ou son arrière vienne, en frappant les talus, les détériorer.

Donc, la profondeur du canal dépend du tirant d'eau des navires; et sa largeur dépend à la fois de leur largeur et de leur longueur; la dépense nécessitée par le creusement du canal dépend des terres et matériaux enlevés et conséquemment dépend uniquement :

1° Du tirant d'eau;

2° De la largeur;

3° De la longueur des navires transitants.

C'est donc uniquement sur ces données que doit être fixé le droit de transit de chacun d'eux.

Ce droit étant destiné à rémunérer les capitaux dépensés, doit naturellement être proportionnel aux travaux exécutés et n'a aucun rapport nécessaire avec la capacité, (poids ou volume), des navires transitants. Celle-ci dépend des qualités que l'on veut donner à un navire; grande contenance ou grande vitesse. Deux navires ayant même tirant d'eau, même largeur et même longueur qui devraient en toute justice payer le même droit de transit, peuvent avoir des capacités très-différentes.

Mettons donc de côté la question si controversée du tonnage qui n'eût jamais dû avoir rien à faire avec le droit de transit.

Avant de chercher comment ce droit sera fixé d'après les dimensions des navires, entrons dans une considération également importante. Trois années se sont écoulées depuis que le canal de Suez a été ouvert à la grande navigation, et tandis que le commerce et les armateurs y ont trouvé une source considérable de bénéfices, les actionnaires n'ont touché aucun intérêt de l'argent qu'ils ont consacré avec une foi si vive et une fermeté sans égale à cette grande entreprise; cela ne saurait être juste et il est de toute nécessité, comme de toute justice, que, dans un délai très-rapproché, des dividendes puissent leur être distribués.

Pour arriver à ce résultat, la recette annuelle doit être au minimum de 30 millions : pour le moment, du moins, le nombre des vaisseaux transitants par mois reste à peu près stationnaire au chiffre de 78 à 80, ce qui ferait environ 950 par an; on pourrait donc prendre ce nombre pour base des recettes de 1873 et établir que les droits de transit de ces 950 vaisseaux devraient fournir la somme de 30 millions; reste à déterminer la méthode à suivre pour fixer le droit à percevoir sur chaque navire en particulier d'après ses dimensions; pour cela nous proposerions d'établir de la manière suivante les dimensions d'un navire type dont le droit de transit serait fixé au chiffre de 30,000,000 fr., recette annuelle, divisé par 950, nombre des vaisseaux supposés devoir transiter dans l'année; ce qui ferait la somme de 31260 fr. — ou en chiffre rond — 30,000 fr.

Pour fixer le tirant d'eau de ce navire type, on prendrait la moyenne des tirants d'eau des 950 navires transités en 1872; c'est-à-dire que l'on fera la somme de tous les nombres en mètres exprimant ces tirants d'eau particuliers et qu'on divisera cette somme par 950 — nombre des vaisseaux.

On déterminera par la même méthode la largeur et la longueur moyennes de ces 950 navires, ce qui donnera les dimensions correspondantes du navire type.

Supposons, pour fixer les idées, qu'on ait trouvé pour ces dimensions;

Tirant d'eau.	5^m50
Largeur.	8^m
Longueur.	80^m

Il paraîtra d'abord naturel de faire le produit de ces trois dimensions, de faire également le produit des trois dimensions du navire à imposer, et de calculer par une simple proportion le droit à percevoir sur lui; par exemple, supposons un navire ayant 6^m de tirant d'eau; 9^m de largeur; et 90^m de longueur.

Le produit des dimensions du navire type est 3520.

Celui des dimensions de l'autre navire est 4860.

On établira la proportion suivante:

La somme à payer doit être avec 30,000 fr. dans le même rapport que 4860 est à 3520, ce qui donnera :

$$30,000 \text{ fr.} \times \frac{4860}{3520} = 41,420 \text{ fr.}$$

Mais ici il y a une observation à faire : d'après notre principe, chaque navire doit payer à proportion du travail qu'il eût nécessité, si tous les navires transitants avaient ses dimensions.

Or, pour obtenir une profondeur plus grande du canal, il faut faire un travail plus considérable, et conséquemment plus coûteux, que pour lui donner une largeur plus grande dans les mêmes proportions; ainsi un navire dont le tirant d'eau serait de 1/5 plus grand que le navire type et aurait même longueur et même largeur que celui-ci, devrait payer plus que celui qui, ayant même tirant d'eau que le navire type, aurait sa longueur ou sa largeur plus grande de 1/5 ; et cependant, par la règle précédente, ces deux navires devraient payer les mêmes droits.

Pour arriver à un résultat plus exact et conséquemment plus équitable, nous avons cherché l'expression du travail à faire pour creuser un canal d'un profil donné. Nous donnerons ci-après le développement de nos calculs dont nous allons indiquer ici les conséquences pratiques.

Supposons, comme plus haut, que les dimensions du navire type sont :

Tirant d'eau	5m50
Largeur	8m
Longueur	80m

D'après nos formules le droit du navire type étant de 30,000 fr., nous avons trouvé :

Pour un navire dont les dimensions sont :

Tirant d'eau	6m
Largeur.	9m
Longueur	90m
Droit à payer	36,900 fr.

La méthode du simple produit des trois dimensions donnait pour le droit : 41,420 fr.

Navire qui a — tirant d'eau — 7m, — largeur 9m, — longueur 90m, le droit à payer serait de 52,490 fr. ; par la première méthode il serait de 48,020 fr.

Ce résultat montre l'influence de l'accroissement du tirant d'eau.

D'ailleurs, les résultats pour la recette de l'année seraient à très-peu près les mêmes dans les deux systèmes ; seulement le deuxième est plus rationnel et plus équitable. Il est, en effet, difficile de ne pas accepter le principe général :

« Payer en proportion du travail que l'on a rendu néces-

« saire; et non en proportion des résultats que doit pro-
« duire ce travail. »

Quant aux armateurs et aux négociants, ils n'ont aucun droit à intervenir dans la fixation des tarifs. L'ouverture du canal de Suez ne leur a fermé aucune des voies qu'ils possédaient auparavant. S'ils croient devoir perdre en passant par le canal, libre à eux de reprendre leurs anciennes routes; aucune promesse, qu'aurait pu faire imprudemment le président directeur, ne peut être obligatoire pour les sociétaires qui ont fourni les capitaux nécessaires. D'ailleurs, en face de prétendues promesses faites aux armateurs anglais, il existe des promesses nombreuses et positives faites aux actionnaires, et l'on ne peut tenir compte des unes et rejeter les autres.

Mais, est-il possible de supposer que le droit de transit, suffisant pour donner aux actionnaires une juste rémunération, puisse être onéreux pour les armateurs et les négociants? Le bénéfice que le commerce a tiré de son passage par le canal de Suez peut s'évaluer par centaines de millions par an, et l'on ne demande à prélever que 15 à 16 millions, puisque déjà le canal a rapporté en 1872, une somme à peu près égale.

Retrancher de plusieurs centaines de millions la somme comparativement modique de 15 millions, destinée à donner une rémunération à ceux qui ont produit ces gains énormes, est-ce être trop exigeant?

Ce chiffre de plusieurs centaines de millions peut paraître exagéré; mais que l'on considère seulement la diminution de fret faite par la compagnie des messageries maritimes et qui d'après ses comptes s'élève en moyenne à plus de 200 fr. par mètre cube ou par 500 kilos; qu'on réduise à 100 fr. ce bénéfice offert au commerce, on aura, pour le chiffre minimum de 3,000,000 de mètres cubes, transportés par le canal en 1872, un bénéfice de 300,000,000 fr.

Resterait à évaluer les gains faits par les armateurs, les assureurs, etc...

Maintenant, supposons qu'il ne soit pas possible de modifier, comme nous le proposons, les droits de transit accordés à la société par l'acte de concession, il y aurait, dans ce cas, à faire valoir les considérations suivantes :

Le commerce recueille dans le percement de l'isthme de Suez de très-grands bénéfices; une fraction peu élevée de ces bénéfices suffirait à rémunérer les actionnaires.

Quelle que soit l'unité de tonneau adoptée, et, d'après un récent décret du président de la République, cette unité serait $2^{m}83$, on évaluerait le nombre de tonneaux transportés par le canal en 1872, on diviserait par ce nombre le chiffre de 30,000,000 fr., et on obtiendrait ainsi un chiffre en francs qui indiquerait le maximum du droit de navigation que devrait payer chaque tonneau transitant.

Par exemple, soit encore 950 le nombre des vaisseaux transités en 1872, et soit 1500 tonnes la capacité moyenne de ces navires, on aura pour le maximum du droit de transit à percevoir par tonneau $\frac{30,000,000}{1,500,950} = 21$ fr.

Quant à la prétention, acceptée si malheureusement jusqu'ici, de soustraire au droit de navigation l'espace réservé aux machines et au charbon, une seule observation devait la réduire à néant; les machines et leurs approvisionnements pourraient-ils se passer du canal pour traverser l'isthme de Suez. Si les négociants jugent à propos de les employer, c'est qu'ils y trouvent de grands avantages; et il est tout à fait injuste d'ajouter à ces avantages la gratuité du passage, et cela au détriment manifeste des actionnaires.

Pour conclure, il nous semble urgent de provoquer près du conseil d'administration une assemblée générale des actionnaires qui désigneraient un certain nombre de leurs membres pour défendre près de la commission internationale les intérêts de tous et qui, pour cela, suivraient un programme approuvé par la majorité de l'assemblée.

Telle est la conclusion d'un travail que j'ai fait dans le seul but d'être utile aux intérêts de mes coactionnaires, intérêts qui, il faut le dire, ont été si négligés jusqu'ici.

Château de Buncey, le 15 Janvier 1873, par Châtillon-sur-Seine (Côte-d'Or).

Baron d'AVOUT,

Chef d'escadron d'état-major en retraite,
Officier de la Légion d'honneur.

CALCUL DU TRAVAIL

NÉCESSAIRE POUR CREUSER UN CANAL D'UN PROFIL DÉTERMINÉ.

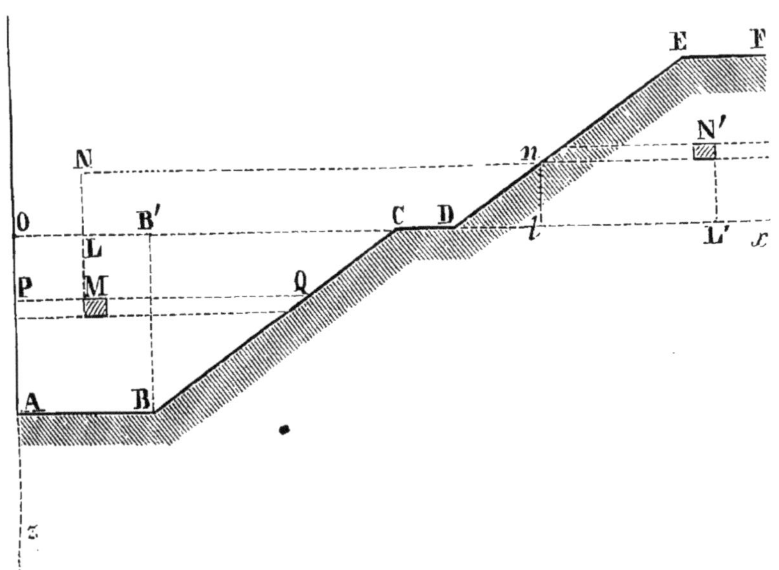

Soit ABCDEF le profil de la moitié d'un canal et du terre-plein produit par le déblai.

Nous ferons : $AB = \lambda$, demi-largeur au plafond ;
$OC = l$, demi-largeur au niveau du terrain ;
$OA = h$, profondeur du canal ;
$CD = d$, berme ; soit $PQ = x$; $PM = x'$.

OZ est l'axe des z et OX celui des x ;

Considérons une longueur du canal égale à l'unité ; $dxdz$

représentera le volume de l'élément situé en M, le travail pour cet élément consistera en son élévation en N, telle que $NL = LM = z$, et en son transport horizontal de N en N' ; on a : $NN' = LC + CD + DL'$;

Nous ne tiendrons pas compte du foisonnement, et nous aurons $LC = DL' = l - x'$.

Soit π la tangente de l'angle BCB' nous aurons :

$$l = \lambda + B'C = \lambda + \frac{h}{\pi}\,;\; CD = d;$$

d'où $NN' = 2\lambda + 2\frac{h}{\pi} + d - x'$.

Soit K le travail nécessaire pour élever une unité de volume à 1^m de hauteur, et K' celui nécessaire pour transporter une unité de volume à 1^m de distance horizontale; le travail total pour le transport de l'élément M ou $dxdz$ de M en N' sera donc exprimé par :

$$2\,kzdx'dz + k'\left\{2\lambda + 2\frac{h}{\pi} + d - 2x'\right\}dx'dz.$$

pour avoir le transport de la bande PQ, ayant pour épaisseur dz, il faudra intégrer cette expression de $x' = o$ à $x' = x$, ce qui donne :

$$\left\{2\,kzx + k'\left(2\lambda + 2\frac{h}{\pi} + d\right)x - k'\,x^2\right\}dz.$$

en désignant par T le travail total et remarquant que l'on a

$$x = PQ = \lambda + \frac{h - z}{\pi},$$

on trouve, après réduction :

$$T = \frac{h^3}{3\pi}\left(k + 2\frac{k'}{\pi}\right) + \lambda h^2\left(k + \frac{2\,k'}{\pi}\right) + k'h\left(\lambda^2 + \frac{dh}{2\pi} + d\lambda\right)$$

Nous supposerons, pour simplifier $d = o$; c'est-à-dire que le talus des terres rapportées sera le prolongement du talus du canal, et nous aurons :

$$T = \left(\frac{h^3}{3\pi} + \lambda h^2\right)\left(k + \frac{2k'}{\pi}\right) + k'\lambda^2 h.$$

Appliquons cette formule au canal de Suez ; nous désignerons par a la longueur, b la plus grande largeur, c le tirant d'eau d'un navire. Ces longueurs sont exprimées en mètres.

Nous admettrons que la profondeur du canal doit avoir un mètre de plus que le tirant d'eau, et que la largeur du canal au plafond doit être égale à trois fois la plus grande largeur du navire, et comme λ est la demi-largeur au plafond, on aura : $b = 1{,}50.\,\lambda$.

Cherchons d'abord le rapport au moins approché des nombres k et k'. Pour cela, j'emploierai un résultat de mes propres expériences ; dans les nombreuses ascensions que j'ai eu lieu de faire pendant cinq années de géodésie exécutées dans les Pyrénées et dans les Alpes pour la carte de France du dépôt de la guerre, j'ai trouvé constamment que pour s'élever de 400^m sur une pente d'environ $45°$, il fallait marcher à très-peu près une heure ; tandis que dans le même intervalle de temps et avec la même fatigue, on aurait parcouru 6000^m en terrain horizontal ; d'après cela, nous écrirons l'équation :

$$400^m\,(k + k') = k'.\,6000^m$$

d'où : $k'\,(60 - 4) = 4\,k$, et $k' = k.\dfrac{4}{56} = k.\dfrac{1}{14} = k.0{,}07$

Ce nombre 0,07 ne pouvant être qu'approché, nous le remplacerons, pour simplifier, par 0,1, et nous aurons :

$$k' = 0{,}1.\,k.$$

Au canal de Suez, la largeur au plafond étant de 24^m, la profondeur de 8^m et la largeur au niveau du terrain de 100^m,

on a : $\pi = \dfrac{8}{50 - 12} = \dfrac{8}{38} = \dfrac{4}{19}$

On a donc : $k\left(1 + \dfrac{2}{10,\ \pi}\right) = k\left(1 + \dfrac{1}{5\ \pi}\right) = k\left(1 + \dfrac{19}{20}\right) = k.1{,}9$

puis $\mathrm{T} = k\left\{1{,}9\left(\dfrac{h^3.19}{12} + \lambda h^5\right) + 0{,}1.\,\lambda^2 h\right\}$

nous négligerons le terme en $\lambda^2 h$, dont le coefficient n'est guère que le 20me de celui des autres termes, et nous aurons :

$$T = k\,(3.\,h^3 + 1{,}9.\,\lambda h^2).$$

Dans cette formule, nous remplacerons h par $c + 1$ et λ par $1{,}50.b$, et nous aurons :

$$T = k \left\{ 3\,(c+1)^3 + 2{,}9\,(c+1)^2\,b \right\}$$

que nous pourrons écrire en remplaçant 2,9 par 3 ;

$$T = 3\,k \left\{ (c+1)^3 + (c+1)^2\,b \right\}.$$

Pour tenir compte de la longueur du navire a, nous ajouterons sous la parenthèse le terme $0{,}1.\ (c+1)^2.\,b$; la longueur a étant environ 10 fois la largeur, elle entrera dans la formule dans la même proportion que la largeur. Faisons d'après cela pour le navire dont les dimensions sont a, b, c :

$$P = (c+1)^3 + (c+1)^2 \left(b + \frac{a}{10}\right)$$

pour le navire type, nous ferons :

$$P_1 = (c_1+1)^3 + (c_1+1)^2 \left(b_1 + \frac{a_1}{10}\right)$$

soit D_1 le droit imposé au navire type ; D celui que devra payer le navire (a, b, c) ; nous aurons :

$$D = D_1 \cdot \frac{P}{P_1}.$$

CHATILLON-SUR-SEINE. — IMPRIMERIE E. CORNILLAC

www.ingramcontent.com/pod-product-compliance
Ingram Content Group UK Ltd.
Pitfield, Milton Keynes, MK11 3LW, UK
UKHW012132240726
13965UKWH00005B/2124

9 782013 248105